Камила де Оливейра Баррос
Катия Э. де С. Миранда
Вагна П. К. дос Сантос

Разработка зерновых батончиков на основе бобовых культур

Камила де Оливейра Баррос
Катия Э. де С. Миранда
Вагна П. К. дос Сантос

Разработка зерновых батончиков на основе бобовых культур

Семейные фермерские хозяйства в производстве продуктов питания и сохранение местной культуры и привычек питания

ScienciaScripts

Imprint

Any brand names and product names mentioned in this book are subject to trademark, brand or patent protection and are trademarks or registered trademarks of their respective holders. The use of brand names, product names, common names, trade names, product descriptions etc. even without a particular marking in this work is in no way to be construed to mean that such names may be regarded as unrestricted in respect of trademark and brand protection legislation and could thus be used by anyone.

Cover image: www.ingimage.com

This book is a translation from the original published under ISBN 978-620-2-04902-3.

Publisher:
Sciencia Scripts
is a trademark of
Dodo Books Indian Ocean Ltd. and OmniScriptum S.R.L publishing group

120 High Road, East Finchley, London, N2 9ED, United Kingdom
Str. Armeneasca 28/1, office 1, Chisinau MD-2012, Republic of Moldova, Europe
Printed at: see last page
ISBN: 978-620-7-24008-1

РЕЗЮМЕ

1 ВВЕДЕНИЕ

Злаковые батончики считаются практичными и полезными для здоровья. Они появились на бразильском рынке в 90-х годах прошлого века. В зависимости от состава они могут быть источником витаминов, минералов, белков, сложных углеводов и большого количества клетчатки. Утверждение здорового питания и стремление потребителей к улучшению качества жизни привели к тому, что злаковые батончики заняли прочное место на продовольственном рынке, поскольку они заменяют другие продукты с меньшей питательной ценностью (MARQUES, 2013), поскольку их легко употреблять, так как они не требуют дополнительного приготовления, и поскольку они продаются в индивидуальных упаковках (SREBERNICH, 2016).

По данным Sousa (2014), регионами с наибольшим потреблением злаковых батончиков в Бразилии являются Юг, где предпочтение отдается шоколадной версии, и Северо-Восток, где преобладают батончики с фруктами и злаками в составе, соответственно 24,5 и 18 % по объему продаж. В Бразилии злаковые батончики изначально были ориентированы на любителей экстремальных видов спорта, но со временем они завоевали разнообразную аудиторию, такую как женщины, дети, пожилые люди и спортсмены выходного дня (FREITAS; MORETTI, 2006, SOUSA, 2014).

В связи с широким разнообразием продуктов и стремлением удовлетворить запросы потребителей, не нарушая при этом наиболее популярных сенсорных характеристик, были разработаны новые альтернативы для улучшения питательных качеств злаковых батончиков с использованием новых пищевых ингредиентов (SANTOS, 2010). В этом смысле бобовые могут представлять значительный потенциал в качестве сырья для производства этих продуктов.

Существует большое разнообразие бобовых, особенно по форме, размеру и цвету зерен, и на бразильском рынке эта разница очень заметна. Зерна бобовых обычно распознаются и идентифицируются как "бобы". О качестве бобов говорят, когда они оцениваются по трем технологическим параметрам:

коммерческому, кулинарному и питательному (CHAVES; BASSINELLO, 2014).

Присутствуя на тарелках бразильцев, даже после снижения потребления за последние 40 лет в связи с ростом потребления промышленных продуктов, по данным Обзора бюджетов домашних хозяйств (POF) за 2008-2009 годы, поиск альтернатив, более соответствующих запросам потребителей, привел к разработке новых продуктов из бобовых, добавляющих ценность переработанному зерну, тем самым предлагая потребителям большую практичность потребления и полуготовые продукты (MARQUEZI, 2013).

Таким образом, использование муки из мангровых деревьев, каупи и бобов анду при создании злаковых батончиков способствует сочетанию различных ингредиентов с особыми функциональными свойствами, делая их питательными и функциональными, повышая местную культуру и пищевые привычки, добавляя ценность региональным продуктам питания и сокращая послеуборочные потери для мелких фермеров.

Таким образом, разработка зерновых батончиков из этой муки, которую легко обрабатывать и воспроизводить мелким фермерам, служит основой для создания новых продуктов, претерпевающих изменения в зависимости от пищевых привычек потребителей, для которых они предназначены.

2 ЗНАЧЕНИЕ БОБОВЫХ КУЛЬТУР В СЕМЕЙНОМ ФЕРМЕРСКОМ ХОЗЯЙСТВЕ

2.1 СЕМЕЙНОЕ ФЕРМЕРСКОЕ ХОЗЯЙСТВО

Семейные фермерские хозяйства охватывают большое культурное, социальное и экономическое разнообразие и могут варьироваться от традиционного крестьянства до современного мелкотоварного производства. Их называют мелкими производителями, мелкими фермерами, поселенцами, крестьянами, квиломболами, поселенцами земельной реформы, традиционными народами и общинами, а также другими, их определение связано с количеством работников и размером собственности (CRUZ et al., 2006).

По данным Продовольственной и сельскохозяйственной организации Объединенных Наций - ФАО (2014), семейное фермерство - это способ организации сельскохозяйственного, лесного, рыболовного, пастбищного и аквакультурного производства, которое управляется и эксплуатируется одной семьей и преимущественно опирается на семейный труд, как женщин, так и мужчин.

В соответствии с Законом № 11.326 от 24 июля 2006 года, семейный фермер характеризуется следующим образом:

[...] фермеры, площадь которых не превышает 4 (четырех) налоговых модулей, которые в своей экономической деятельности используют преимущественно рабочую силу своей семьи; имеют минимальный процент дохода своей семьи от экономической деятельности, как определено исполнительной властью, и управляют своим хозяйством или предприятием вместе со своей семьей (BRASIL, 2006).

В Бразилии этот сектор охватывает 4,3 млн производственных единиц (84% сельских предприятий) и 14 млн занятых, что составляет около 74% всех профессий, распределенных на 80 250 453 га (25% общей площади) (EMBRAPA, 2014). На северо-востоке сосредоточено наибольшее число семейных фермеров, составляющих 50,1% от общего числа фермеров в стране (SILVA; COSTA, 2012).

Этот сектор важен с точки зрения создания новых рабочих мест и производства продуктов питания: на его долю приходится около 70% потребляемых в Бразилии продуктов питания (MDA, 2015), в настоящее время на бразильский рынок поставляются: маниока (87%), бобы (70%), свинина (59%), молоко (58%), мясо птицы (50%) и кукуруза (46%) (PORTAL BRASIL, 2015), а также является фактором сокращения оттока сельского населения и источником ресурсов для семей с низкими доходами, а также вносит значительный вклад в создание богатства в стране (GUILHOTO et al., 2007), а также включает новые социальные и экологические функции и даже способствует сохранению ландшафта и культурных традиций (MENDES et al., 2005). Семейные фермы также отвечают за часть продуктов, предназначенных для школьного питания, благодаря стимулу, предусмотренному Законом № 11.947/2009, позволяющему ученикам государственных школ по всей Бразилии ежедневно потреблять здоровую пищу с региональной привязкой (FNDE, 2017).

В этом контексте в штате Баия муниципалитет Круз-дас-Алмас входит в состав семейного фермерского кооператива территории Реконкаво - COOAFATRE, в который также входят муниципалитеты Сан-Феликс, Сан-Фелипе и Марагожипе, составляющие территорию Реконкаво-Байано (SILVA; COSTA, 2012).

Производятся маниока (*Manihot esculenta* C.), ямс (*Dioscorea cayennensis* Lam.), кукуруза *(Zea mays* L.), *арахис (Arachis hypogaea L), фасоль (Phaseolus vulgaris* L.), хлебное дерево *(Artocarpus altilis)*, овощи, фиолетовый картофель, сладкий картофель *(Ipomoea batatas* Lam.), анду, мангало (SILVA; COSTA, 2012).

Бразильская корпорация сельскохозяйственных исследований (Embrapa) также указывает на необходимость внедрения технологий, обеспечивающих устойчивое и конкурентоспособное сельскохозяйственное производство, что делает производителей более конкурентоспособными на глобализированном рынке.

2.2 Бобы (семейство *Fabaceae*)

5

В 2016 году Организация Объединенных Наций объявила Международный год бобовых культур в знак признания их основополагающей роли как источника дохода для миллионов семейных фермеров, обеспечения продовольственной и пищевой безопасности, адаптации к изменению климата путем фиксации азота в почве, здоровья человека и ключа к решению таких проблем, как ожирение и голод (ФАО, 2017).

По данным Salvador (2015), Бразилия занимает 3-е место в мире по производству фасоли, на ее долю приходится 11 % производства, уступая Мьянме с 13 % и Индии с 14 %. Что касается стран, входящих в МЕРКОСУР, то Бразилия занимает первое место как крупнейший производитель и потребитель с объемом около 3,1 млн тонн в год (CONAB, 2015).

При употреблении вместе с зерновыми бобовые образуют полноценный белок, который дешевле животного белка и поэтому более доступен для семей с низкими экономическими ресурсами (ФАО, 2017). Бобовые идеально сочетаются с рисом, поскольку оба эти продукта содержат аминокислоты (лизин и метионин, 3:1), которые помогают формировать белки в человеческом организме, и, будучи одним из компонентов бразильской продовольственной корзины, национальное производство бобовых в значительной степени ориентировано на внутреннее потребление (IBGE, 2011). Сокращение потребления этого продукта связано с процессом урбанизации, изменением пищевых привычек и ростом спроса на продукты быстрого приготовления, поскольку эта бобовая культура после определенного времени хранения требует больше времени на приготовление, что заставляет потребителей отказываться от нее (IBGE, 2011; RUAS, 2015).

Кулинарные характеристики фасоли, которые желательны для потребителей, связаны с быстрой гидратацией, малым временем приготовления, получением густого бульона, хорошим вкусом и текстурой, умеренно растрескавшимися зернами, тонкой оболочкой и хорошей стабильностью цвета (CHAVES; BASSINELLO, 2014).

По мнению Натабирвы, Катенде и Лунгахо (2014):

Фасоль - богатый источник жизненно важных питательных веществ, включая высокое содержание белка (18-30%) и растворимой клетчатки, которая важна для улучшения движения пищи в кишечнике и борьбы с диабетом. Кроме того, они содержат железо, цинк, фолиевую кислоту, магний, марганец и витамины группы В. Однако фасоль часто употребляется только в одном виде практически всеми, особенно в домашних условиях. Когда эта привычка потребления сочетается с неограниченными формами приготовления, потребляемые количества редко соответствуют требованиям питания (NATABIRWA, KATENDE AND LUNGAHO, 2014, p.(i)).

Исследования показывают, что благодаря высокой концентрации питательных веществ фасоль способствует укреплению здоровья и снижает риск развития некоторых заболеваний, таких как болезни сердца, ожирение и многие виды рака.

Динамика производства фасоли включает три вида урожая: влажный сезон, урожай которого приходится на период с декабря по март и выращивается в основном на юге и юго-востоке страны, а также в регионе Ирече в штате Баия; сухой сезон или "сафринья" с апреля по июль, выращиваемый на северо-востоке, и зимний сезон, который предлагается на рынке с июля по октябрь, когда орошаемые бобы выращиваются преимущественно в штатах Минас-Жерайс, Сан-Паулу, Эспирито-Санто, Гояс/Федеральный округ и на западе Баии (FERREIRA; PELOSO; FARIA, 2003).

В Бразилии культивируются два вида, которые Министерство сельского хозяйства, животноводства и продовольствия считает социально и экономически важными: *Phaseolus vulgaris,* известный как фасоль обыкновенная, и *Vigna unguiculata*, известная как стручковая фасоль (MAPA, 2008). Согласно Freire Filho и Rocha (2016), зеленые бобы соответствуют стручкам, находящимся в стадии зрелости, то есть непосредственно перед или сразу после стадии, на которой они перестают накапливать фотосинтаты и начинают процесс естественного обезвоживания. Разница между видами будет связана с показателями физиологической спелости семян.

По мнению Маркези (2013), существует мало исследований, которые

7

связывают различные традиционные способы применения или даже продукты на основе бобов с характеристиками сырья, что имеет фундаментальное значение для разработки новых продуктов, ставя бобовые на видное место пропорционально их важному питательному составу.

Маркези (2013) утверждает, что мука из бобовых обладает такими технологическими характеристиками, как нейтральный pH, пенообразование, эмульгирующая способность и стабильность эмульсии, и предлагает использовать эту муку при разработке новых продуктов.

2.2.1 Горькие бобы мангалу *(Lablab purpureus (L.)* Sweet*)*

Горький мангровый боб *(Lablab purpurlus* (L.) Sweet) (рис. 1 и 2), также известный как orelha-de-padre, feijao-de-pedra и lablab. Родом из Африки, она выращивается в основном в Северо-Восточном регионе и представляет собой бобовое растение, имеющее множество применений, будь то для питания людей, в качестве корма для животных или для включения в системы ресурсосберегающего земледелия в качестве зеленого удобрения или покровной культуры, и обычно выращивается вместе с кукурузой (BRASIL, 2015).

Figura 1: Горькая мангровая фасоль (Lablab purpureus (L.) Sweet) на широких бобах.

Источник: Авторы

Figura 2: Замороженные обмолоченные горькие мангровые бобы *(Lablab purpureus* (L.) Sweet).

8

Источник: Авторы

В настоящее время горькая мангровая фасоль (*Lablab purpurlus* (*L.*) Sweet) входит в список нетрадиционных овощей, то есть овощей, которые в свое время широко потреблялись населением, но из-за изменений в пищевом поведении стали менее экономически и социально значимыми, уступив место и долю рынка другим овощам (EPAMIG, 2016).

Стручки и созревшие зерна используются в кулинарии. Ими можно дополнять салаты, супы и тушеные блюда, но поскольку они обладают легкой горечью, зерна перед приготовлением следует бланшировать (BRASIL, 2015).

По данным Rubatzky и Yamaguchi (1997), питательный состав семян бобов *лаблаба in natura* содержит в 100 г съедобной части: вода 87 г, калории 193 кДж (46 ккал), белки 2,9 г, липиды 0,45 г, углеводы 2,9 г, клетчатка 1,5 г, Ca 0,6 мг, Mg 37 мг, P 59 мг, Fe 1,2 мг, витамин A 210 мг, тиамин 0,9 мг, рибофлавин 0,08 мг, ниацин 0,6 мг и аскорбиновая кислота 11 мг.

2.2.2 Капуста (*Vigna unguiculatra* (L.) Walp)

Бобы каупи (*Vigna unguiculata* (L.) Walp) (рис. 3 и 4), также известные как feijao-de-corda, feijao-verde, feijao-caupi, caupi, feijao-macàçar (macassar), feijao-fradinho, fradinho e vigna, trepa-pau, feijao gurutuba, feijao catador, feijao-de-praia, выделяются, по мнению Lima et al, (2004) как одна из основных сельскохозяйственных культур на северо-востоке и севере страны, которая была завезена в Бразилию испанцами и рабами.

Культивируемый в тропической Африке, Южной Америке и Азии, этот вид

9

фасоли является основным продуктом питания для многих сельских жителей благодаря высокой питательной ценности с точки зрения белка и энергии, а также легкой адаптации к малоплодородным почвам и периодам длительной засухи. В штате Баия она широко используется для приготовления акараже - типичного блюда штата (BRASIL, 2015).

По данным Фрейтаса (2011), основными штатами-производителями на северо-востоке являются Сеара, Баия, Пиауи, Пернамбуку, Параиба, Риу-Гранди-ду-Норти и Мараньяо, а на севере - Амапа, Пара, Рондония и Рорайма, продукция которых предназначена для внутреннего потребления и имеет большое значение как продукт питания и источник дохода для семейных фермерских хозяйств.

Рисунок 3: Бобы Каупи (*Vigna unguiculatra* (L.) Walp) на фасоли широкой.

Источник: Авторы

Figura 4: Замороженные бобы Каупи (*Vigna unguiculatra* (L.) Walp).

Источник: Авторы

По данным Embrapa (2002), какао (*Vigna unguiculata* (L.)) является отличным источником белка (в среднем 23-25%) и содержит все незаменимые аминокислоты, углеводы (в среднем 62%), витамины и минералы, а также

10

имеет высокое содержание пищевых волокон, низкое содержание жира (в среднем 2% липидов) и не содержит холестерина (Таблица 1).

Таблица 1: Агрономические кормовые характеристики коровьего гороха (*Vigna unguiculata* (L.)).

		В 100 г (TAKO)
Протеины	23% - 25%	20,2 g
Углеводы	62%	61,2 g
Жиры	2%	2,4 g
Холестерин	0%	NA
Калории	323 - 339 ккал/100 г (TACO, 2006, FROTA et al., 2008)	
Гликемический индекс	Низкий, 36/100 Глюкоза	-

Источник: модифицировано из GOES, CAVALCANTE, 2013.

В условиях регионального рынка сбыт кешью ограничивается сушеными зернами, зелеными зернами (гидратированными) и семенами. Уже есть некоторые инициативы по промышленной переработке кешью для производства муки, а также готовых и замороженных продуктов (RIBEIRO, 2002). Мука из бобов кешью используется в обогащенных продуктах питания, таких как печенье и рокамболь, поскольку она обладает хорошей приемлемостью и стабильностью, а также высоким содержанием белка (FROTA et al., 2010).

2.2.3 Фасоль Анду (*Cajanus cajan* (L) Huth)

Бобы анду (*Cajanus cajan* (L) Huth), рис. 5 и 6, имеют множество применений и встречаются в основном на задних дворах многих провинциальных городов. В них высокое содержание белка и значительное количество кальция, железа, магния и фосфора (табл. 2) (AZEVEDO; RIBEIRO; AZEVEDO, 2007). Известен как фейхао-анду, анду, гуандо, гуандейро, куанду, фейхао-куанду, фейхао-де-арворе, эрвилха-де-ангола, эрвилха-де-сети-анос, эрвилха-до-конго. Он был завезен в Бразилию и Гвианы по пути следования рабов из Африки (BRASIL, 2015).

Figura 5: Фасоль Анду (*Cajanus cajan* (L) Huth) в составе широкой фасоли.

Figura 6: Бобы анду (*Cajanus cajan* (L) Huth) обмолочены и заморожены.

Поскольку зеленые зерна этого растения очень вкусны, его используют в качестве заменителя гороха и готовят с мясом, фарофами или фри. Его также можно консервировать в рассоле или замораживать (BRASIL, 2015). Благодаря своим функциональным свойствам, таким как растворимость белка в зависимости от pH, способность поглощать воду и масло, способность образовывать гели и эмульсии, а также стабильность, он рекомендуется для использования в хлебобулочных и кондитерских изделиях (MIZUBUTI, et al., 2000).

Существует несколько вариантов применения бобов Анду. Согласно Азеведо, Рибейро и Азеведо (2007):

[...] его можно использовать в самых разных целях: как растение для улучшения почвы, для восстановления деградированных территорий, как фиторемедиатор, для обновления пастбищ, для кормления домашних животных и скота, а также широко использовать в пищу людям (AZEVEDO, RIBEIRO E AZEVEDO, 2007, p. 82).

Таблица 2: Анализ питательных веществ в 100 г голубиного гороха (*Cajanus cajan* (L) Huth)

Энергия	Протеины	Липиды	Углеводы	Волокна	Кальций	Фосфор
344(Ккал)	**19**(g)	**2,1**(g)	**64**(g)	**21,3**(g)	**3,5** (мг)	**269** (мг)
Железо	Ретинол	Витамин В1	Витамин В2	Ниацин	Витамин С	
1,9 (мг)	**NA**	**1,06** (мг)	**Тр**	**2,7** (мг)	**1,5** (мг)	

Источник: TACO (2011); Бразилия (2015)

В "Руководстве по питанию для населения Бразилии" (Бразилия, 2014) подчеркивается, что чередование различных видов бобов и других бобовых увеличивает поступление питательных веществ, привнося в рацион новые вкусовые оттенки и разнообразие, а благодаря высокому содержанию клетчатки и умеренному количеству калорий на грамм эти продукты обладают высокой сытостью, что позволяет избежать избыточного потребления пищи. Кроме того, продукты из бобов представляют собой альтернативу для людей, придерживающихся специальных диет (безглютеновой, вегетарианской и других), обеспечивая их разнообразными питательными веществами.

3 КРУПЫ

3.1 ЗЛАКОВЫЙ БАТОНЧИК: ТРЕНД?

Злаковые батончики потребляются почти в шесть раз чаще, чем восемь лет *назад* (DEGÀSPARI; BLINDER; MOTTIN, 2008). Классифицируемые как "закуски", они определяются как небольшие, легкие или сытные блюда (SAMPAIO, 2009). В зависимости от состава, с точки зрения калорийности, злаковые батончики не рекомендуется использовать вместо основных приемов пищи, а следует употреблять в качестве перекуса, полдника или ужина.

На рынке представлено несколько видов злаковых батончиков: обычные (волокнистые батончики); заменители питания, созданные специально для тех, кто хочет похудеть, их рецептура направлена на поддержание полноценного пищевого баланса, являясь заменой утреннего или дневного перекуса; энергетические и протеиновые батончики, рекомендованные, в частности, спортсменам и атлетам; диетические (без сахара) и легкие, с сокращением содержания определенного питательного вещества не менее чем на 25% и, наконец, злаковые батончики с семенами, богатые моно- и полиненасыщенными жирными кислотами (LOUIZE, 2016).

Существуют различные определения злаковых батончиков, согласно Sampaio (2009), Guimaraes and Silva (2009), Gutkoski et al. (2007) среди прочих, это продукты, изготовленные путем прессования или экструзии зернового теста или смеси сухих ингредиентов (злаки или печенье, кукурузные хлопья, рисовые хлопья, овес) со связующим веществом (или связующим сиропом), содержащие сушеные фрукты (дегидрированные), с орехами или без них, с шоколадной глазурью или без нее и ароматизаторами, которые придают конечному продукту отличительные технологические характеристики. Это особая категория кондитерских изделий, обычно прямоугольной формы, продаваемых отдельными единицами для потребления одним человеком.

Злаковые батончики являются многокомпонентными и могут быть очень сложными по своей рецептуре. Все составляющие ингредиенты объединяются для обеспечения вкуса, текстуры и характерных физических свойств (GUTKOSKI et al., 2007).

Согласно исследованиям Degâspari; Blinder; Mottin (2008), самыми крупными потребителями злаковых батончиков являются женщины, а возраст потребителей обоих полов не превышает 44 лет. Исследования также показывают, что это относительно дорогой продукт, который меньше потребляется людьми с низким уровнем дохода и может считаться элитным продуктом.

3.2 ОСНОВНЫЕ ИНГРЕДИЕНТЫ

Существует широкий спектр ингредиентов, которые можно использовать для производства злаковых батончиков, стремясь связать продукт с пользой для здоровья, например: текстурированный белок, зародыши пшеницы и овса, дополненные витамином С и Е, содержащие отходы производства муки из маниоки и желтой маракуйи, выполняющие специфические и/или функциональные функции, изменяющиеся в зависимости от состава каждого из них и вкуса (SANTOS, 2010).

- **Зерновые**

Зерновые культуры - это съедобные семена или зерна из семейства злаковых, *Gramineae,* такие как пшеница, рис, рожь и овес. Они являются основными продуктами питания и выполняют важные функции, являясь источниками энергии, углеводов, белка (6-15 %), клетчатки, витамина Е, витаминов группы В, магния, цинка и биологически активных веществ для развитых и развивающихся стран (BRIGID MCKEVITH, 2004).

Рисовые хлопья, присутствующие в большинстве злаковых батончиков, являются побочным продуктом полировки коричневого риса методом термопластической экструзии с добавлением или без добавления других ингредиентов. В результате экструзии происходит желатинизация крахмала, денатурация белков и образование комплексов между крахмалом, липидами и белками (TRAMUJAS, 2015). Рисовые хлопья хрустят и обладают функциональными свойствами, что делает их полезными для использования в пищевых продуктах благодаря их антиоксидантному эффекту, нейтрализующему высвобождение свободных радикалов во время интенсивных физических упражнений и способствующему высвобождению эндорфинов, которые дают ощущение хорошего самочувствия (GUTKOSKI; TROMBETTA, 1999).

Многофункциональный овес (*Avena sativa* L) является отличным источником белка (12-14%), липидов (незаменимой иинолевой кислоты), антиоксидантов (токоферола, фенольных кислот и производных), витаминов группы B, кальция, железа, с высоким содержанием пищевых волокон и β-глюканов (AHMAD et al., 2014). Являясь одним из основных ингредиентов злаковых батончиков (SAMPAIO, 2009), овес способствует стабильности, вкусу, увеличению содержания клетчатки в пищевых продуктах, а также другим функциональным и биоактивным свойствам (AHMAD et al., 2014).

Овес чаще всего продается в виде хлопьев (TRAMUJAS, 2015). β-глюканы, присутствующие в овсе (*Avena sativa* L), обладают свойствами, связанными с вязкостью, например, повышают вязкость кишечных жидкостей, в сочетании с инсулином могут заменить жиры, в пищевой промышленности широко рассматриваются с двойной целью - увеличить содержание клетчатки в пищевых продуктах и улучшить их полезные свойства (AHMAD et al., 2014).

- **Мука**

Согласно Резолюции РДК № 263 от 22 сентября 2005 года, мука - это продукт, полученный из съедобных частей одного или нескольких видов зерновых, бобовых, фруктов, семян, клубней и корневищ путем размола и/или других технологических процессов, считающихся безопасными для производства продуктов питания.

Содержание влаги в муке напрямую влияет на ее качество и качество конечного продукта. Максимально допустимая влажность зерна в Бразилии составляет 13

% (BRASIL, 2001), а согласно бразильскому законодательству, максимальная влажность пшеничной муки составляет 15 % (BRASIL, 2005). Разработка муки на основе бобовых может обеспечить обогащение питательными веществами продуктов, которые традиционно предлагаются на рынке.

- **Банановый кишмиш**

В злаковых батончиках использование сушеных или обессмоленных фруктов помогает улучшить профиль растворимой и нерастворимой клетчатки в продукте и способствует улучшению его технологических и функциональных свойств (GUIMARÂES; SILVA, 2009; MUNHOZ, 2013).

Сушка фруктов, или производство кишмиша, - это практика использования излишков продукции, которая, помимо повышения ценности продукта, продлевает срок его полезного использования и может храниться и продаваться вне сезона сбора урожая. Его получают путем частичной потери воды из спелых плодов, целых или порезанных на части, с использованием соответствующих технологических процессов (PIOVESANA, 2011).

В злаковых батончиках изюмные бананы используются для улучшения вкуса, увеличения содержания клетчатки и изменения энергетической ценности (GUIMARÂES; SILVA, 2009).

- **Сахар**

Сахар является одним из основных продуктов бразильской культуры. Существуют различные виды и способы его употребления, будь то добавление в пищу или кулинарные блюда. Кристаллический сахар выпускается в виде крупных прозрачных кристаллов, прошедших легкое рафинирование (OETTERER; SARMENTO, 2006). При изготовлении сиропа, который отвечает за склеивание твердых ингредиентов, а также за сладкий вкус, использование только сахарозы может привести к получению сухого, твердого и зернистого продукта, поскольку ее предел растворимости составляет около 67 % (GALLI et al., 1996).

Инвертированный сахар получил свое название из-за инверсии оптической силы раствора при добавлении кислоты - более старого и экономичного метода. Кислота (катализатор реакции) вызывает разрыв гликозидной связи сахарозы, образуя глюкозу и фруктозу. Раствор сахарозы вращает плоскополяризованный свет вправо (положительное направление), а когда сахароза гидролизуется кислотой или ферментами до восстанавливающих сахаров, плоскополяризованный свет вращается влево (отрицательное направление) (PODADERA, 2007).

Для получения инвертного сахара используется лимонная кислота из сока лимона и других фруктов, уксус и винный камень, действие которых ускоряется при кипячении (PHILIPPI, 2014).

Инвертный сахар - это натуральный сахар, который по сладости превосходит сахарозу примерно на 70%, обладает антиоксидантными свойствами, более устойчив к микробиологическому загрязнению, имеет высокую гигроскопичность и меньшую вязкость, устойчив к кристаллизации и может храниться при высоких концентрациях (80%). Этот сахар исключает необходимость пастеризации, растворения сахара и фильтрации, а также стимулирует реакцию Майяра (ALMEIDA, 2003).

Мальтодекстрин определяется *Управлением по* контролю качества *пищевых продуктов и лекарственных средств* США (FDA) как несладкий, питательный сахаридный полимер, состоящий из единиц D-глюкозы, соединенных преимущественно α(1-4) связями и имеющих эквивалент декстрозы (DE) менее 20. Он готовится в виде тонкого белого порошка или концентрированного раствора путем частичного гидролиза кукурузного, картофельного или рисового крахмала с помощью безопасных и подходящих кислот и ферментов.

Помимо загустителя, в пищевой промышленности мальтодекстрин способствует распылительной сушке, выступает в качестве заменителя жира, пленкообразователя, в борьбе с замораживанием, для предотвращения кристаллизации и в качестве пищевой добавки, используемой в качестве эргогенного ресурса для тех, кто занимается физическими упражнениями (COUTINHO, 2007).

Сочетание этих сахаров в злаковых батончиках отвечает за связывание злаков, их влажность и вкус (MAESTRI; FERREIRA; PASQUALLI; 2012).

- **Соевый лецитин**

Соевый лецитин - это фосфолипид, используемый в качестве натурального эмульгатора, стабилизатора, смягчающего средства и формы устойчивой пены в производстве продуктов питания (AMARAL, PEALEZ, LIMA, 2011). Благодаря своей химической структуре, состоящей из смеси 21 % фосфатидилхолина, 22 % лосплатидилэтаноламина, 19 % лосплатидил инозитола в сочетании с другими веществами, такими как триглицериды, жирные кислоты и углеводы (FRAGON, 2016), он может быть солюбилизирован в полярных и аполярных растворах, что делает этот ингредиент очень универсальным.

В злаковых батончиках соевый лецитин выступает в качестве связующего вещества, помогая смешивать и взаимодействовать мучным компонентам с другими ингредиентами, улучшая объем и текстуру (FOOD INGREDIENTS BRASIL, 2013).

- **Хлорид натрия**

Бразильское общество гипертонии и Всемирная организация здравоохранения (Gowdak, 2018) рекомендуют суточное потребление натрия на уровне 2000 мг натрия в день, что эквивалентно 5 граммам хлорида натрия в день. Хлорид натрия используется в пищевой промышленности в качестве консерванта и усилителя вкуса (TRAMUJAS, 2015). Он используется в злаковых батончиках для придания вкуса.

- **Соевое масло**

Светлое по цвету и мягкое по вкусу, соевое масло, известное как кулинарное или салатное, содержит большое количество полиненасыщенных кислот,

19

натуральные и синтетические антиоксиданты и пигменты, используется в качестве эмульгатора и обладает стабилизирующими свойствами благодаря своим соединениям (HAMMOND et al., 2005).

Его добавляют в злаковые батончики для придания мягкости и блеска, он защищает злаки от влаги, образуя на поверхности пленку (MAESTRI; FERREIRA; PASQUALLI; 2012).

4 ПРОЦЕСС ПРОИЗВОДСТВА БРУСА И КОНЕЧНЫЙ ПРОДУКТ

Это количественное, экспериментальное, исследовательское и описательное исследование было основано на данных исследовательского проекта Научно-технологической сети по изучению биодоступности пищевых продуктов (REBIAL).

Исследования проводились в лабораториях экспериментальной технологии и питания, сенсорного анализа, химического анализа и броматологии факультета наук о жизни (DCV) Государственного университета Баии (UNEB), кампус I, Сальвадор.

4.1 Сырьевые материалы

Образцы бобов мангало, каупи и анду были получены от семейных фермеров в городе Круз-дас-Алмас, штат Баия, и хранились в замороженном виде в лаборатории экспериментальных технологий и питания в DCV - UNEB. Остальные ингредиенты (рисовые хлопья, овсяные хлопья, кишмиш, кристаллический сахар, мальтодекстрин, соль, соевое масло, соевый лецитин и лимонная кислота), использованные при производстве рецептур, были получены из местных магазинов в Сальвадоре-БА.

Инвертный сахар, использованный в рецептуре в качестве одного из ингредиентов связующего раствора, был произведен в лаборатории экспериментальных технологий и питания при ДКВ UNEB.

4.1.1 Изготовление инвертного сахара

Инвертный сахар был разработан в лаборатории экспериментальных технологий и питания при ДКВ UNEB из смеси рафинированного сахара, воды и лимонной кислоты. Смесь варили на медленном огне при максимальной температуре 114°C в течение 20 минут, при этом смесь не перемешивали, так как это увеличило бы риск кристаллизации.

После достижения комнатной температуры инвертированный сахар помещали в стеклянную банку и плотно закрывали.

4.1.2 Обработка сырья

Рецептуры были разработаны в ходе предварительных испытаний в лаборатории экспериментальных технологий и питания в ДКВ UNEB с использованием базовой рецептуры зернового батончика. Три рецептуры злаковых батончиков были приготовлены с добавлением различных количеств муки из коровьего гороха (FFC), муки из бобов манго (FFM) и муки из бобов анду (FFA), варьируя пропорции между ингредиентами, чтобы изучить влияние присутствия этих мук на органолептические характеристики и питательный потенциал разработанных злаковых батончиков.

4.1.3Процесс производства и рецептуры

Далее будут описаны этапы процесса производства батончиков на основе бобов мангало, анду и каупи с эквивалентной концентрацией. Сначала будет рассмотрена обработка сырья, в частности, получение бобовой муки для включения в рецептуру батончика.

Для составления рецептуры злаковых батончиков (табл. 3) ингредиенты были разделены на две группы: сухие (овсяные хлопья, рисовые хлопья, бобовая мука и кишмиш) и влажные (соевое масло, кристаллический сахар, вода, мальтодекстрин, соль, соевый лецитин и инвертный сахар). При выборе недорогих ингредиентов учитывалась стоимость производства злаковых батончиков, что подчеркивает важность разработки продукта, доступного для семейных фермеров.

Этапы обработки муки из горьких мангровых бобов (FM), бобов каупи (FC) и бобов анду (FA) проводились в соответствии с блок-схемой (Рисунок 7).

22

Figura 7: Этапы процесса производства муки FM, FC, FA.

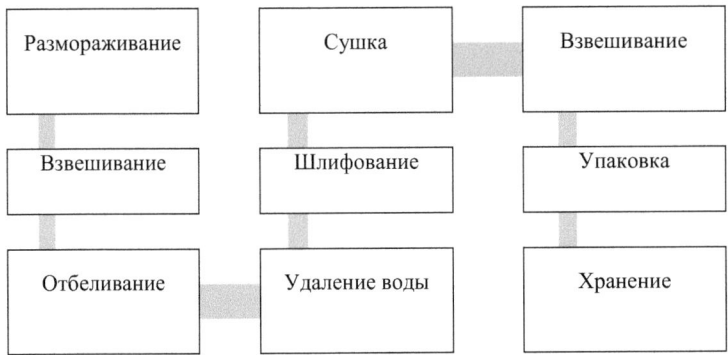

Замороженные образцы мангровых, каупи и бобов анду подвергались процессу бланширования, который заключался в погружении продукта на 5 минут в воду при температуре 95-100°C (LIMA, et al., 2004), сливе горячей воды и последующем погружении в холодную воду. После удаления воды продукт измельчали в блендере (Рисунок 8) и сушили в печи при максимальной температуре 160°C (Рисунок 9), повторяя процесс измельчения и сушки до получения муки (Рисунок 10).

Figura 8: Горькие мангровые бобы (*Lablab purpureus* (L.) Sweet) измельчаются в блендере перед сушкой.

Figura 9: Горькие мангровые бобы (*Lablab purpureus* (L.) Sweet) измельчают в блендере и сушат в домашней духовке.

Источник: Авторы.

Figura 10: Мука из горьких мангровых бобов (*Lablab purpureus* (L.) Sweet).

Источник: Авторы

Таблица 3. Сухие ингредиенты и связующие вещества, используемые в основной рецептуре злаковых батончиков из МСД, ФФК, ФФА.

Ингредиенты	Масса (г)[1]			Процент
	BFFM	BFFC	BFFA	
Рисовые хлопья	31,28			19,1
Овсяные хлопья	28,15			17,2
Фасолевая мука	34,4			21
Банановый кишмиш	70			42,7
Общее количество сухих ингредиентов	*163,84*			*100*
Жидкий инвертный сахар	80			55,8
Кристаллический сахар	15			10,5

Соевый лецитин	1,92	1,3
Соевое масло	18,24	12,7
Соль	1,37	0,9
Мальтодекстрин	10,45	7,3
Вода	16,5	11,5
Полные гиганты	*143,48*	*100*

BFFM: злаковый батончик из муки горьких мангровых бобов;

Злаковый батончик из бобовой муки BFFCCaupi;

BFFA: злаковый батончик из муки бобов анду.

Источник: Авторы

Формулы были разработаны в соответствии с этапами, описанными в оптимизированной технологической схеме, представленной на рисунке 11:

Figura 11:   Блок-схема этапов приготовления злаковых батончиков из МСД, ФФК, ФФА.

Источник: Авторы

Этапы производственного процесса подробно описаны ниже:

1.   Отбор: сырье отбиралось по аромату, цвету, текстуре, целостности упаковки и сроку годности;

2.   Взвешивание: сырье взвешивалось и порционировалось;

3.   Смешайте сухие ингредиенты: овсяные хлопья, рисовые хлопья, муку из

бобов мангало или анду, или каупи, обезвоженный банановый кишмиш.

4. Агглютинация ингредиентов: сырье для сиропа (инвертный жидкий сахар, вода, кристаллический сахар, мальтодекстрин, соевое масло) смешивают и растворяют на огне до кипения, чтобы сироп оставался однородным, снимают с огня и добавляют соевый лецитин, соль и банановый кишмиш, возвращают на огонь до достижения максимальной температуры 105°, перемешивают, снимают с огня и добавляют в смесь сухих ингредиентов.

5. Уплотнение и формовка: продукт был уплотнен и помещен в прямоугольные формы (рис. 12);

6. Охлаждение: после того как смесь приобрела характерную консистенцию, ее разрезали на прямоугольные бруски;

7. Упаковка: злаковые батончики были упакованы в пленку с металлической рамкой.

8. Хранение: злаковые батончики хранились при комнатной температуре в сухих, подходящих для этого местах.

Figura 12:   Формирование и уплотнение зерновых батончиков из муки мангровых бобов.

Источник: Авторы

5 ХАРАКТЕРИСТИКА КОНЕЧНЫХ ПРОДУКТОВ

5.1 Методы химического и сенсорного анализа

Для определения характеристик продуктов проводятся физико-химические и сенсорные анализы. Методы и процедуры, используемые для проведения лабораторных исследований, описаны ниже.

5.1.1 Химический анализ зернового батончика

Химический состав анализировался в соответствии с методами Института Адольфо Лутца - IAL и AOAC. Анализ влажности проводился путем прямого высушивания в печи при 105°C, общей золы: путем сжигания продукта при температуре 500-550°C в муфельной печи, липидов - методом Сокслета, белков - методом Кьельдаля, клетчатки - кислотным детергентом, углеводов - разностным методом. Определение общей энергетической ценности: в соответствии с коэффициентами пересчета ATWATER: 4 ккал г$^{-1}$ для белков, 4 ккал г$^{-1}$ для углеводов и 9 ккал г$^{-1}$ для липидов (BRASIL, 2005), рецептур зерновых батончиков, изготовленных с использованием FFC, FFM и FFA.

5.1.2 Сенсорный анализ злаковых батончиков

Сенсорный анализ злаковых батончиков из муки бобов мангало, каупи и анду проводился в лаборатории сенсорного анализа DCV-UNEB. В исследовании приняли участие 60 потребителей обоих полов, как имеющих, так и не имеющих трудового договора с данным учреждением. Для проведения сенсорных тестов данное исследование было одобрено Комитетом по этике № 1.145.758. Каждому дегустатору была выдана "Форма информированного согласия" (Приложение А) и форма оценки продукта (Приложение Б), в которой была представлена цель анализа и запрошено согласие на участие. Форма была представлена в двух экземплярах, один для дегустатора и один для контроля исследования.

Анализ проводился в соответствующем месте, при естественном освещении, с 03 образцами (по одному от каждого исследуемого вида обработки) и представлялся дегустаторам на одноразовых тарелках, должным образом закодированных трехзначными номерами, выбранными случайным образом. Также дегустаторам предлагалась минеральная вода комнатной температуры.

Приемлемость оценивалась по следующим признакам: внешний вид, общее качество, аромат, вкус и текстура, с использованием вербально структурированного девятибалльного теста приемлемости по гедонистической шкале. В эту же форму была включена шкала для оценки отношения потребителя к гипотетической ситуации покупки.

5.1.3 Статистический анализ

Данные, полученные в результате химических определений и сенсорной оценки, были подвергнуты дисперсионному анализу (ANOVA) с уровнем значимости 5% (P≤0,05) и различием между средними значениями по тесту Тьюки с использованием *программного обеспечения* SAS версии 9.1.

5.2 Характеристика конечных продуктов

5.2.1 Центовый состав

Результаты по центильному составу анализируемых злаковых батончиков представлены в таблице 4.

Таблица 4: Результаты центильного состава злаковых батончиков из FFC, FFA, FFM.

ПАРАМЕТРЫ	ФОРМУЛЫ		
	BFFC	BFFA	BFFM
ВЛАЖНОСТЬ	12,79±0,21[a]	12,83±0,66[a]	12,77±0,21[a]
СЕРЫЙ	2,16±0,36[a]	2,45±0,23[a]	2,11±0,31[a]
LIPIDS	8,64±0,87[a]	8,58±1,63[a]	11,61±3,41[a]
ПРОТЕИНЫ	5,99±0,47[a]	6,18±0,42[a]	6,34±0,16[a]
ВОЛОКНА	2,93±1,61[a]	2,93±0,06[a]	1,10±0,13[a]
КАРБОГИДРАТЫ[4]	67,30±1,62[a]	67,22±1,99[a]	66,07±3,46[a]

[1] Значения - среднее ± стандартное отклонение.

[2] Средние значения, обозначенные одинаковыми буквами в столбцах, не различаются по тесту Тьюки при уровне значимости 5% (p≤0,05).

[3] BFFC = батончик из муки бобов каупи, BFFA = батончик из муки бобов анду, BFFM = батончик из муки мангровых бобов. [4]Содержание углеводов получено методом разности.

Источник: Авторы

Исходя из этих данных, можно сказать, что злаковые батончики FFC, FFA и FFM не показали значительных различий (p<0,05) в отношении наблюдаемых параметров.

Таблица 4 показывает, что содержание влаги в рецептурах составляет менее 15%, что соответствует пределу, установленному постановлением CNNPA № 12 от 1978 года для продуктов на основе зерновых и производных, что позволяет увеличить срок хранения продуктов, гарантируя текстуру, химическую и микробиологическую стабильность зерновых батончиков (LEAL et al., 2013). Однако, согласно Cecchi (2007), содержание влаги в зерновых должно быть менее 10 %. В исследовании Sousa et al. (2012) содержание влаги в рецептурах злаковых батончиков на основе FFC составило (10,88% и 11,28%).

Содержание влаги в ФФК, проанализированных в других исследованиях, составило (11,61 и 11,85 г 100 г$^{-1}$), что близко к результатам исследования Santos et al. (2009) с мукой из фасоли обыкновенной (11,7 г 100 г$^{-1}$) и ниже, чем при анализе сырой муки из фасоли обыкновенной (17,60 г 100 г$^{-1}$) и муки из коровьего гороха (14,3-15,8 г 100 г$^{-1}$) (GOMES et al, 2006; GOMES et al., 2012; LEAL et al., 2013).

Значения общей золы в зерновых, которые связаны с содержанием минералов в продукте, соответствуют данным Cecchi (2007) и могут варьироваться от 0,3 до 3,3%, что указывает на то, что разработанные здесь злаковые батончики имеют хорошее содержание минералов.

Согласно Таблице 4, найденные значения липидов выше, чем рекомендованные Cecchi (2007), от 3% до 5%, и аналогичны значениям, найденным Sousa et al. (2012). Однако найденные значения находятся в пределах диапазона содержания липидов в обычных продуктах, представленных на рынке, от 4,0 до 12,0% (FREITAS, MORETTI, 2006).

Все батончики имели более низкую концентрацию сырой клетчатки по сравнению со значениями, опубликованными в некоторых из изученных литературных источников. Эти различия можно объяснить потерями в результате гидролиза при использовании метода, а также нерастворимой фракцией клетчатки в стручковой фасоли, которая составляет около 75%, при этом менее зрелые продукты содержат меньшее количество клетчатки (SALGADO et al., 2005). Сырая клетчатка не имеет питательной ценности, но она обеспечивает необходимое средство для перистальтики кишечника, при этом содержание сырой клетчатки в зерновых и злаковых продуктах колеблется от 0,00 до 2,2% (CECCHI, 2007).

В образце злакового батончика с ФФК содержание белка было ниже, чем в злаковых батончиках, разработанных в исследовании Sousa et al. (2012), с составами, содержащими 5,25% и 7,5% ФФК. Однако в исследовании Sousa et al. (2012) увеличение концентрации белка может быть связано с тем, что в состав сухих ингредиентов входило печенье из кукурузной муки, которое может содержать молоко.

Содержание углеводов было получено по разности, 67,30%, 67,22%, 66,07% для BFFC, BFFA, BBFM, соответственно. Они были схожи с литературными данными.

В таблице 5 показана общая энергетическая ценность (ОЭЦ) разработанных злаковых батончиков.

Таблица 5: Общая энергетическая ценность (ккал на 100 $г^{-1}$) злаковых батончиков FFC, FFA и FFM.

ОБЩАЯ ТЕПЛОТВОРНАЯ СПОСОБНОСТЬ	
BFFC	382,64 ккал
BFFA	382,54 ккал
BFFM	398,53 ккал

Источник: Авторы

Разработанные рецептуры злаковых батончиков FFC, FFA и FFM имели умеренную энергетическую ценность (от 1,5 до 4 ккал в $г^{-1}$), согласно классификации *Центров по контролю и профилактике заболеваний (2005), что* в основном объясняется содержанием липидов и углеводов в образцах из-за высокого процента кишмиша и сахара, используемых в качестве связующих веществ. Эти злаковые батончики могут стать альтернативой для тех, кто нуждается в высококалорийном питании.

5.2.2 Сенсорный анализ

Средние значения, полученные в результате сенсорного анализа, подвергнутого дисперсионному анализу, для каждой из рецептур и по пяти анализируемым признакам (внешний вид, аромат, вкус, текстура и общее качество), представлены в таблице 6.

Таблица 6: Средние баллы, полученные по сенсорным признакам, и соответствующие стандартные отклонения для злаковых батончиков из FFC, FFA, FFM.

ФОРМУЛЫ[3]	APPEARANCE	AROMA	FLAVOUR	ТЕКСТУРА	КАЧЕСТВО ГЛОБАЛЬНЫЙ
FFC	$6,50\pm1,59^a$	$5,42\pm1,57^a$	$6,15\pm1,58^a$	$6,52\pm1,08^a$	$\mathbf{6,23\pm1,10^b}$
FFA	$6,38\pm1,32^a$	$5,58\pm1,38^a$	$\mathbf{5,58\pm1,42^b}$	$6,48\pm1,16^a$	$\mathbf{5,83\pm1,05^{b,a}}$
МСД	$6,37\pm1,55^a$	$5,42\pm1,47^a$	$6.13\pm1,93^a$	$6,53\pm1,25^a$	$6,35\pm1,25^a$

[1] Значения: среднее ± стандартное отклонение.

[2] Средние значения, обозначенные одинаковыми буквами в столбцах, не различаются по тесту Тьюки при уровне значимости 5% ($p\leq0,05$).

[3] FFC = батончик из муки бобов каупи, FFA = батончик из муки бобов анду, FFM = батончик из муки бобов мангало.

Источник: Авторы

Рецептуры злаковых батончиков с ФФК, ФФА и МСД в целом показали хорошую сенсорную оценку. Средние значения варьировались от "безразлично" до "умеренно понравилось" по 9-балльной структурной гедонистической шкале, показывая, что продукты получили схожие результаты по всем оцениваемым сенсорным характеристикам.

Исходя из данных, представленных в таблице 6, образцы существенно не отличались ($p<0,05$) по внешнему виду, аромату и текстуре, то есть можно сказать, что рецептуры зерновых батончиков FFC, FFA и FFM были однородны по анализируемым признакам и хорошо приняты судьями. Однако по вкусовым и общим качественным признакам наблюдались значительные различия (p>0,05).

Рецептура, которая показала сенсорное изменение вкуса, - это злаковый батончик FFA, с самым низким уровнем принятия (5,58%), учитывая, что бобы анду ценятся, потому что они более вкусные. Возможным объяснением этого результата может быть неэффективность тепловой обработки, которая инактивирует энзимы и улучшает вкус и аромат.С точки зрения общего качества, зерновой батончик МСД показал лучшее качество, чем зерновой батончик ФФК, а зерновой батончик ФФА не отличался от зерновых батончиков ФФК и МСД.

Из всех средних показателей характеристика аромата получила самые низкие оценки - от "безразлично" до "мне немного понравилось". Этот результат говорит о том, что продукт можно улучшить. Добавление натурального вкусоароматического сырья может улучшить аромат продукта, так как в этом процессе обычно добавляются фрукты, фруктовые соки, орехи или специи, которые делают аромат более приятным.

Для оценки намерения купить использовалась пятибалльная шкала (рис. 13, 14, 15). Результаты показывают, что большинство потребителей обязательно купили бы злаковые батончики. На рисунке 16 показаны общие результаты сенсорного анализа трех образцов для теста на намерение купить, в котором потребители выразили, как часто они будут употреблять каждый из образцов.

Рисунок 13: Результаты аффективного теста по шкале отношения или намерения купить злаковый батончик FFC.

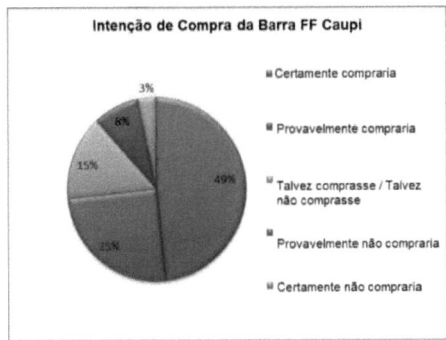

Рисунок 14: Результаты аффективного теста по шкале отношения или намерения купить злаковый батончик FFA.

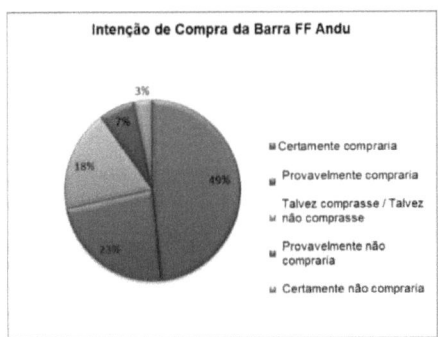

Figura 15: Результаты аффективного теста с использованием шкалы отношения или намерения покупки для злакового батончика МСД.

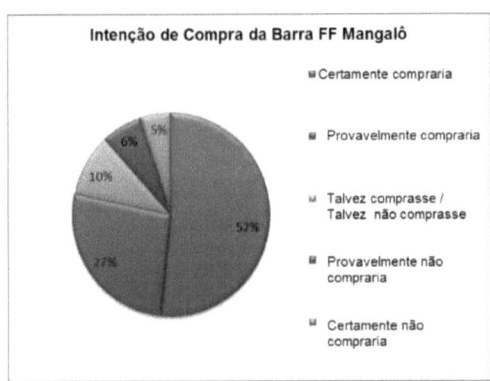

Figura 16: Общие результаты аффективного теста с использованием шкалы отношения или намерения покупки для злаковых батончиков на основе FFC, FFA, FFM.

33

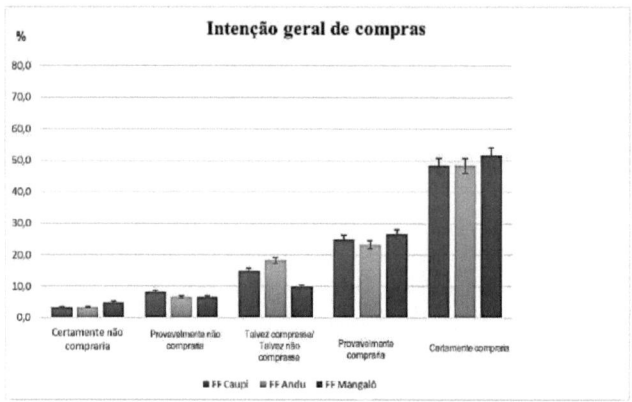

Было замечено, что 52 % потребителей заявили, что обязательно купят злаковый батончик МСД, по сравнению со злаковыми батончиками FFC и FFA, которые получили 49 % одобрения. Однако 5 % потребителей заявили, что они точно не будут покупать злаковые батончики МСД, по сравнению с 3 % для злаковых батончиков FFC и FFA.

6. ЗАКЛЮЧИТЕЛЬНЫЕ СООБРАЖЕНИЯ

Результаты анализа зерновых батончиков были признаны удовлетворительными, что позволило сделать вывод о том, что мука из бобов каупи, анду и мангало может использоваться в качестве ингредиента для приготовления зерновых батончиков, при этом зерновой батончик FFM получил наилучшее признание. Центезимальный анализ трех произведенных зерновых батончиков показал их богатство питательными веществами и калориями.

Технология получения муки проста в применении, но необходимы исследования для определения потерь питательной ценности при переработке продукта.

Разработанные продукты ценят местную культуру и пищевые привычки, добавляя региональное сырье к продуктам, которые широко распространены на рынке здорового питания.

ССЫЛКИ

AHMAD, Mushtaq et al. A review on Oat (*Avena sativa* L.) as a dual-purpose crop. **Scientific Research And Essays,** Nigeria, v. 9, n. 4, p.52-59, feb. 2014. ISSN: 1992-2248.

ALMEIDA, Ana Claudia Santana de. **Исследование непрерывного процесса производства инвертного сахара ферментативным способом.** 2003. 99 f. Диссертация (степень магистра) - программа аспирантуры по химическим и биохимическим процессам, химическая инженерия, Федеральный университет Пернамбуку, Ресифи, 2003.

АЗЕВЕДО, Руберваль Леоне; РИБЕЙРО, Женезио Тамара; АЗЕВЕДО, Клаудио Луис Леоне. Бобы гуанду: многоцелевое растение. **Revista da Fapese,** v. 3, n. 2, p.81-86, июль/декабрь 2007 г.

БРАЗИЛИЯ. Эдуардо Алвес Мело (ред.). **Alimentos Regionais Brasileiros.** 2. ed. Brasilia: Ministério da Saùde, 2015. 484 p. ISBN:978-85-334-2145-5.

БРАЗИЛИЯ. Министерство сельского хозяйства, животноводства и снабжения. Нормативная инструкция №° 8 от 2 июня 2005 года. Технический регламент об идентичности и качестве пшеничной муки. **Официальный вестник Федеративной Республики Бразилия**, Бразилиа, DF, n. 105, p. 91, 3 июня 2005 г. Раздел 1.

БРАЗИЛИЯ. Постановление № 263, от 22 июля 2005 г. **Resolucâo RDC N° 263, de 22 de Setembro de 2005**: Regulamento tènico para produtos de cereais, amidos, farinhas e farelos. Бразилия: D.O.U - Diàrio Oficial da Uniao; Poder Executivo, 22 jul. 2005. Available at: <http://portal.anvisa.gov.br/wps/wcm/connect/1ae52c0047457a718702d73fbc4c6735/RDC_263_2005.pdf?MOD=AJPERES>. Accessed on: 18 Feb. 2016.

БРАЗИЛИЯ. Закон № 11.326 от 24 июля 2006 года. Устанавливает руководящие принципы для разработки Национальной политики в области семейных фермерских хозяйств и сельских семейных предприятий. **Официальный**

вестник Федеративной Республики Бразилия, 25 июля 2006 г. Доступно по адресу: <http://www.planalto.gov.br/ccivil_03/_ato2004-2006/2006/lei/l11326.htm>. Accessed on: 15 May 2016.

БРАЗИЛИЯ. Министерство здравоохранения Руководство по питанию для населения Бразилии. Бразилиа: Министерство здравоохранения; 2. изд. 175 с., 2014 г.

БРИГИД МАККЕВИТ (Великобритания). Британский фонд питания. Питательные аспекты зерновых. **Бюллетень по питанию,** Лондон, № 29, с.111-142, июнь 2004 г.

CHAVES, Michela Okada; BASSINELLO, Priscila Zaczuk. **Фасоль в питании человека**. 2014. Available at:

<http://ainfo.cnptia. embrapa.br/digital/bitstream/item/ 123450/1/p15.pdf>. Accessed on: 06 June 2016.

Чекки, Х. М. **Теоретические и практические основы анализа пищевых продуктов**.

Campinas: Editora Unicamp. 2^a ed. 2007

Коутиньо, Ана Паула Серино. **Производство и характеристика мальтодекстринов из крахмала маниоки и сладкого картофеля.** 2007. 151 f. Диссертация (докторская) - курс агрономии, Эстадуальный университет Паулиста "Жулио де Мескита Фильо", Ботукату, 2007.

Дегаспари, Клаудия Хелена; Блиндер, Эльза Вассерман; Моттин, Фатима. Пищевой профиль потребителей зерновых батончиков. **Visâo Acadêmica,** Curitiba, v. 9, n. 1, p.49-61, mar. 2008. ISSN 1518-5192.

СОЕДИНЕННЫЕ ШТАТЫ АМЕРИКИ. Управление по санитарному надзору за качеством пищевых продуктов и медикаментов. Министерство здравоохранения и

Услуги для людей. **Мальтодекстрин.** 2015. Available at:

https://www.accessdata.fda.gov/scripts/cdrh/cfdocs/cfcfr/cfrsearch.cfm?fr=184.1444 > . Accessed on: 30 March 2016.

FERREIRA, Carlos Magri; PELOSO, Maria José del; FARIA, Luis Clàudio de. Выращивание фасоли обыкновенной: рынок и коммерциализация. **Embrapa Rice and Beans,** v. 2, Jan. 2003.

FOOD INGREDIENTS BRAZIL. **Эмульгаторы**. 2013. Available at: <http://www.revista-fi.com/materias/324.pdf>. Accessed on: 29 May 2016.

FRAGON. **порошок соевого лецитина.** Технический материал, произведенный компанией Fragon. Available at: <http://cdn.fagron.com.br/doc_prod/docs_10/doc_929.pdf>. Accessed on: 22 March 2016.

ФРЕЙРЕ ФИЛЬО, Франсиско Родригес; РОЧА, Мауришраэль де Моура. **Зеленые злаки.** Подготовлено Агентством технологической информации Embrapa. Доступно по адресу: <http : //www.agencia. cnptia.embrapa. br/gestor/feij ao-caupi/arvore/CONTAG01 _ 76_510200683537.html>. Accessed on: 30 March 2016.

ФРЕЙТАС, Антонио Карлос Рейс де. **Экономическое значение коровьего гороха.** 2011. Подготовлено: Агентство технологической информации Embrapa. Available at: <http://www.agencia.cnptia.embrapa.br/gestor/feij ao - caupi/arvore/CONTAG01_14_ 510200683536.html>. Accessed on: 23 March 2016.

FROTA, Karoline de Macêdo Gonçalves et al. Использование муки из кокосового гороха (*Vigna unguiculata* L. Walp) для приготовления хлебобулочных изделий. **Food Science And Technology (Campinas),** Campinas, v. 30, p.44-50, May 2010.

ГАЛЛИ, Д. К.; БИЛХАЛВА, А. Б.; РОДРИГЕС, Р. С.; РОДРИГЕС, Л. С. Влияние состава сиропа на физико-химические характеристики персиков кишмиш. **Revista Brasileira de Agrociência**, v. 2, n. 3, p. 179-182, Sept./Dec. 1996.

Гарден-Робинсон Дж.; Макнил К. Все о фасоли. NDSU - Государственный университет Северной Дакоты, 16 с., 2013.

ГОЭС, А. К. П., КАВАЛЬКАНТЕ. С. Ковпа в цифрах. Embrapa Amapa. 2013. Available at: <https://www.infoteca.cnptia.embrapa.br/ bitstream/doc /975559/1/CPAFAP2013FolderOFEIJAOCAUPIEMN UMEROSPA

RAPUBLICATION.pdf>Поступила в продажу: 19 марта 2016 г.

ГОВДАК, М. М. Г. Содержание натрия в продуктах питания < http://www.sbh.org.br/geral/ actualidades-teor- de-sodio-na-alimentacao.asp> Accessed on: 11 Mar 2018

GUILHOTO,Uoaquim et al. **A Importância da Agricultura Familiar no Brasil e em seus Estados (ВВП семейного сельского хозяйства в Бразилии и в ее штатах)**, 2007. 5-я Национальная встреча Бразильской ассоциации региональных и городских исследований, 2007 г.

GUIMARÂES, M. M.; SILVA, M. S. Пищевое качество и приемлемость злаковых батончиков с добавлением фруктов муричи-паса. **Revista do Instituto Adolfo Lutz**, Sao Paulo, v.68, n.3, p.426-433, 2009.

Гуткоски, Л.К. и др. Разработка злакового батончика на основе овса с высоким содержанием пищевых волокон. **Ciência e Tecnologia Alimentos**, Campinas, v.27, n.2, p. 355-363, 2007.

GUTKOSKI, L.C.; TROMBETTA, С. Оценка содержания пищевых волокон и гликанов в сортах овса. **Ciência e Tecnologia de Alimentos**, v. 19, n. 3, p. 387-390, 1999.

Хэммонд, Эрл Г. и др. Соевое масло. В книге: SHAHIDI, Fereidoon. **Bailey's Промышленные масложировые продукты:** пищевые масложировые продукты: хим. 6. ed. New Jersey: John Wiley & Sons, 2005. Chap. 13. p. 577-642.

Сельскохозяйственная исследовательская компания штата Минас-Жерайс. **Нетрадиционные овощи**: альтернатива для диверсификации питания и доходов семейных фермеров в Минас-Жерайсе. Минас-Жераис: Отдел публикаций, 20015. 24 p.

IBGE. Обследование бюджетов домашних хозяйств 2008-2009: **анализ потребления**

Личное питание в Бразилии. Рио-де-Жанейро: Бразильский институт географии и статистики, 2011 г.

ИНСТИТУТ АДОЛЬФО ЛУТЦА. **Normas Analiticas do Instituto Adolfo Lutz**: Métodos quimicos e fisicos para Anâlise de alimentos. 3. ed. Sao Paulo: 2005

ЛИМА, Элиза Доротея П. де А. и др. (орг.). **Зеленая коровья горошина (***Vigna unguiculata* **(L.) Walp.):** Послеуборочные аспекты, минимальная обработка, консервированная обработка. Жоао Пессоа: Университет, 2004.

ЛУИЗ, Жаклин. **Злаковые батончики, протеиновые батончики, энергетические батончики, диетические батончики, легкие батончики, ... Узнайте о различиях, подводных камнях, 100% растительных (веганских) батончиках и о том, какие из них стоит есть.** Доступно по адресу: <http://ecocheervegan.com/nutricao-vegetariana/191-   conhecera-as-barras-de-cereais>. Accessed on: 05 Apr. 2016

МАРКЕС, Тамара Резенде. **Технологическое использование отходов ацеролы:** мука и злаковые батончики. 2013. 103 f. Степень магистра - курс агрохимии, Федеральный университет Лавраса, Лаврас - Мг, 2013.

МАРКВЕЗИ, Милене. **Физико-химические характеристики и оценка технологических свойств фасоли обыкновенной (***Phaseolus vulgaris L.***).** 2013. 115 f. Диссертация (степень магистра) - аспирантура по пищевым наукам, Центр сельскохозяйственных наук, Федеральный университет Санта-Катарины, Флорианололис, 2013.

MIZUBUTI, I.Y. et al. Оценка использования молотых сырых бобов гуанду (Cajanus cajan (L) Millsp) на косвенные показатели продуктивности цыплят-бройлеров.

Semina Ciências Agràrias, Londrina, v. 16, n. 1, p. 56-63, 1995.

NATABIRWA, H.N.; KATENDE D.; LUNG'AHO M.. **Рецепты из фасоли:** лучший выбор продуктов для смелого кулинара. Уганда: Национальные сельскохозяйственные исследовательские лаборатории (NARL/NARO), Международный центр тропического сельского хозяйства (CIAT), Панафриканский альянс по исследованию бобовых (PABRA), 2014. 44 p. Available at: <https://cgspace.cgiar.org/handle/10568/71054>. Accessed on: 18 March 2016.

NEPA - NÙCLEO DE ESTUDOS E PESQUISAS EM ALIMENTAÇÂO. Бразильская таблица состава продуктов питания (TACO). 4ª edrev. e ampl. Кампинас: NEPA - UNICAMP, 2011. 161 p.

OETTERER, Marilia; SARMENTO, Silene Bruder Silveira. Свойства сахаров. In: OETTERER, Marilia; REGITANO-D'ARCE, Marisa Aparecida Bismara; SPOTO, Marta Helena Fillet. **Основы пищевой науки и технологии.** Баруэри: Маноле, 2006. Гл. 4. с. 135-192.

ФИЛИППИ, Соня Тукундува. Сахара. В книге: PHILIPPI, Sônia Tucunduva. **Питание и диетические методы.** 3. ed. Barueri: Manole, 2014. Гл. 14. p. 185-198.

ПИОВЕСАНА, Алессандра. **Приготовление и приемлемость злаковых батончиков с виноградными выжимками.** 2011. 59 f. TCC (Программа выпуска) - Высший образовательный курс

Пищевые технологии, Федеральный институт образования, науки и технологий штата Риу-Гранди-ду-Сул, Бенту Гонсалвес, 2011.

ПОДАДЕРА, Присцилла. **Исследование свойств инвертированного жидкого сахара, обработанного гамма-излучением и электронным пучком.** 2007. 108 f. Диссертация (докторская) - Ядерные технологии - прикладной курс, Институт ядерных и энергетических исследований, Сан-Паулу, 2007.

ПОРТАЛ БРАЗИЛИИ. Семейные фермерские хозяйства производят 70 %

продуктов питания, потребляемых бразильцами. июль 2015. Available at: <http://www.brasil.gov.br/economia-e-emprego/2015/07/agricultura-familiar-produz-70-dos-al alimentos-consumidos-por- brasileiro>. Accessed on: 20 March 2016.

RIBEIRO, Valdenir Queiroz (Ed.). В книге: Embrapa Meio-Norte. Выращивание коровьего гороха (*Vigna unguiculata* (L.) Walp). **Sistemas de Produçâo.**Teresina, v.2, p.1-110, dec. 2002. ISSN 1678-0256.

РУАС, Жоао Фигейредо. Фасоль. In: Companhia Nacional de Abastecimento **Perspectivas Para A Agropecuâria: Safra 2015/2016,** Brasilia, v. 3, p.43-49, jul.

2015. Ежегодно. ISSN 2318-3241. Доступно на сайте:

<http : //www.conab .gov.br/OlalaCMS/uploads/arquivo s/15_09_24_11 _44_5 0_perspe ctivas_agropecuaria_2015-16_-_produtos_verao.pdf>. Accessed on: 18 March 2016.

РУБАЦКИЙ В.Е., ЯМАГУЧИ М. **Овощи мира**: принципы, производство и питательная ценность. 2-е издание. Chapman & Hall, New York, United States. 1997, 843 стр.

САЛЬВАДОР, Карлос Альберто. **Фасоль:** анализ сельскохозяйственной ситуации. 2015. В: Государственный секретариат по сельскому хозяйству и снабжению. Доступно по адресу: <http://www.agricultura.pr.gov.br/arquivos/File/deral/Prognosticos/2016/_feijao_201 5_16.pdf>. Accessed on: 18 March 2016.

САМПАЙО, Камила Рамос Пинто. **Разработка и исследование сенсорных и пищевых характеристик злаковых батончиков с добавлением железа.** 2009. 88 f. Диссертация (степень магистра) - программа аспирантуры по пищевым технологиям, Федеральный университет Парана, Куритиба, 2009.

Сантос, Жулиана Феррейра дос. **Оценка питательных свойств злаковых батончиков, изготовленных с использованием муки из зеленых бананов.** 2010. 70f f. Диссертация (степень магистра) - курс пищевых наук, Университет

42

Сан-Паулу, Сан-Паулу, 2010.

Силва, Барбара Кристина Дантас да; КОСТА, Ана Элиза Дель'арко Виньяс. Социально-производственная диагностика семейных фермеров, являющихся членами семейного фермерского кооператива на территории recôncavo в штате Баия - Бразилия.

COOAFATRE. **Magistra,** Cruz das Almas, v. 24, n. 2, p.151-159, abr/jun. 2012. ISSN 2236-4420.

SOUSA, Luska Grazielle Macêdo de et al. **Приготовление злакового батончика на основе муки из коровьего гороха (*vigna unguiculata* l. walp).** Available at: <http://leg.ufpi.br/21   sic/Documentos/RESUMOS/Modalidade/PIBITI/Iuska Grazielle.pdf>. Accessed on: 14 Feb. 2016.

СОУЗА, Вивиан. **Зерновые батончики набирают силу**. Available at: <http://www.sm.com.br/detalhe/barras-cereais-ganham-forca>. Accessed on: 14 Feb. 2016.

ТРАМУДЖАС, Джанайна Мелати. **Использование различных связующих веществ при разработке соленых злаковых батончиков с добавлением чиа (*Salvia hispânica l.*).** 2015. 125 f. Диссертация (степень магистра) - курс "Пищевые технологии", Федеральный технологический университет Парана-Лондрина, 2015.

ПРИЛОЖЕНИЕ А - Форма информированного согласия

УНИВЕРСИТЕТ ШТАТА БАХИЯ - УНЕБ

ФАКУЛЬТЕТ НАУК О ЖИЗНИ - КАМПУС I

КОЛЛЕДЖ ПИТАНИЯ

ФОРМА ИНФОРМИРОВАННОГО СОГЛАСИЯ

Данное исследование соответствует Критериям этики исследований с участием человека в соответствии с Резолюцией № 466/12.

Национального совета по здравоохранению

мы хотели бы пригласить вас принять участие в исследовательском проекте "РАЗРАБОТКА ЗЛАКОВЫХ БАНОЧЕК НА ОСНОВЕ БОБОВОЙ МУКИ СЕМЕЙНЫМИ ФЕРМЕРАМИ В ГОРОДЕ КРУЗ-ДАС-АЛМАС-БАХИЯ", общей целью которого является разработка зерновых батончиков из муки бобовых культур для содействия социальному, экономическому и устойчивому развитию семейных фермеров в городе Круз-дас-Алмас-Бахия.

Это курсовая работа, разработанная студенткой Камилой де Оливейра Баррос под руководством профессора[а] доктора[а] Катиа Элизабет де Соуза Миранда, бакалавра кафедры питания факультета наук о жизни Университета штата Баия.

Их участие является добровольным и будет заключаться в проведении сенсорного анализа разработанных злаковых батончиков и заполнении анкеты о вкусе, текстуре, внешнем виде и намерении купить исследуемый продукт. Образцы будут готовы к употреблению, а результаты опроса покажут степень приемлемости злаковых батончиков. Участие в исследовании не предполагает каких-либо затрат или финансового вознаграждения для участников. Вы можете отозвать свое согласие в любой момент. Ваш отказ не поставит под угрозу ваши отношения с исследователем или учреждением. Результаты исследования будут проанализированы и опубликованы, но ваша личность не будет раскрыта и останется конфиденциальной.

КОНФИДЕНЦИАЛЬНОСТЬ ИССЛЕДОВАНИЯ: Участники должны гарантировать конфиденциальность данных, задействованных в исследовании.

Если вы согласны с вышеизложенным, пожалуйста, подпишите эту "Форму информированного согласия" в указанном ниже месте. *Заранее* благодарим вас за

44

сотрудничество.

Я   ,

сообщаю, что я был должным образом проинформирован о том, что хочет сделать исследователь и почему ему/ей необходимо мое сотрудничество, и понял объяснения. Поэтому я согласен принять участие в исследовании по собственной воле, зная, что исследование является конфиденциальным, что я ничего не заработаю и что я могу уйти, когда захочу. Я даю согласие на представление и публикацию полученных результатов в научных мероприятиях и статьях при условии, что моя личность не будет указана. Данный документ составлен в двух экземплярах, оба из которых будут подписаны мной и исследователем, и по одному экземпляру останется у каждого из нас.

Сальвадор, ___ 2016

Волонтер

Камила де Оливейра Баррос Научный сотрудник Бакалавр питания UNEB/DCV

Профессор д-р Катиа Элизабет де Соуза Миранда

Супервайзер - UNEB/DCV

ПРИЛОЖЕНИЕ В - Лист испытаний на приемлемость и намерение купить и оценка приемлемости злаковых батончиков, произведенных из МСД, КФХ, ФФА

ПРИЁМОЧНЫЕ ИСПЫТАНИЯ

N ome :Пол : _____ Возраст : _____

Пожалуйста, попробуйте образцы, закодированные слева направо, и, используя приведенную ниже шкалу, опишите, насколько вам понравился или не понравился каждый образец в соответствии с перечисленными признаками.

(9) = Мне очень понравилось

(8) = Мне очень понравилось

(7) = Мне понравилось умеренно

(6)= Мне очень понравилось

(5) = безразлично

(4) = Мне очень не нравится

(3)= умеренно не нравится

(2) = Мне очень не понравилось

(1) = крайне не нравится

Комментарии:

Образцы	Атрибуты				
_	Внешний вид	Аромат	Аромат	Текстура	Общее качество
_	Внешний вид	Аромат	Аромат	Текстура	Общее качество
_	Внешний вид	Аромат	Аромат	Текстура	Общее качество

Намерение купить:

N⁰ Образец

Я бы обязательно купил его   _____ _____

Я бы, наверное, купил его.   _____ _____

Может быть, да, а может быть, и нет. _____ _____

Я бы, наверное, не купил.   _____ _____

Я бы точно не купил.   _____ _____

ПРИЁМОЧНЫЕ ИСПЫТАНИЯ

Имя: Пол: Возраст:

Пожалуйста, попробуйте закодированные образцы слева направо и, используя приведенную ниже шкалу, опишите, насколько вам понравился или не понравился каждый образец в соответствии с перечисленными признаками.

(9) = Мне очень понравилось

(8) = Мне очень понравилось

(7) = Мне понравилось умеренно

(6)= Мне очень понравилось

(5) = безразлично

(4) = Мне очень не нравится

Образцы	Атрибуты				
_	Внешний вид	Аромат	Аромат	Текстура	Общее качество
_	Внешний вид	Аромат	Аромат	Textuia	Общее качество
_	Внешний вид	Аромат	Аромат	Текстура	Общее качество

(3)= умеренно не нравится

(2) = Мне очень не понравилось

(1) = крайне не нравится

Комментарии:_____ № Образец

Намерение купить:

Я бы обязательно купил его

Я бы, наверное, купил его.

Может быть, да, а может быть, и нет.

Я бы, наверное, не купил.

Я бы точно не купил.

имена авторов

КАМИЛА ДЕ ОЛИВЕЙРА БАРРОС

http://lattes.cnpq.br/2517848703479650

Студент магистратуры по специальности "Питание и пищевые науки" с акцентом на анализ рисков для здоровья, связанных с продуктами питания, в Университете Париж-Сакле (Agroparistech), Франция (2018). Добровольная научная инициатива в исследовательском проекте "Биодоступность пищевых продуктов" - REBIAL в Университете штата Баия (2016 г.). Выпускник по специальности "Питание" в Университете штата Баия (2016 г.). Участие в программе "Наука без границ" в качестве стипендиата CAPES (2014).

КАТИЯ ЭЛИЗАБЕТ ДЕ СОУЗА МИРАНДА

http://lattes.cnpq.br/5053104510054359

Она получила степень доктора философии в области науки и технологии пищевых продуктов в Федеральном университете Параибы (2011 г.), степень бакалавра в области инженерии пищевых продуктов в Федеральном университете Параибы (1986 г.) и степень магистра в области науки и технологии пищевых продуктов в Федеральном университете Параибы (1991 г.). В настоящее время она является профессором базового, технического и технологического образования в Федеральном институте Баии и адъюнкт-профессором в Университете штата Баия. Она имеет опыт работы в области питания с акцентом на технологию овощных продуктов, работая в основном над следующими темами: переработка овощей и экспериментальные технологии в области питания.

ВАГНА ПИЛЕР КАРВАЛЬО ДОС САНТОС

http://lattes.cnpq.br/7745470765033035

Имеет степень доктора философии по химии Федерального университета Баии (2007 г.),

47

степень магистра по химии UFBA (2003 г.), степень по химии UFBA (2001 г.) и степень по пищевой технологии Федеральной химической технической школы Рио-де-Жанейро, ныне IFRJ. Преподавала курс "Техник-технолог пищевой промышленности" в Федеральном центре технологического образования Параны - CEFET/PR, ныне UTFPR. В настоящее время является профессором Федерального института образования, науки и технологии штата Баия (IFBA). Имеет опыт работы в области химии, с акцентом на аналитическую химию, работая в основном по следующим темам: спектроаналитические методы, ICP OES, пробоподготовка, продукты питания,

Бобовые культуры, а также эссенциальные и токсичные элементы. Она является национальным координатором курса "Концепции и применение интеллектуальной собственности (ИС)" в PROFNIT с момента его создания.

ЛИГИЯ РЕГИНА РАДОМИЛЬ ДЕ САНТАНА

http://lattes.cnpq.br/7289150597211694

Получил степень по пищевой инженерии в Государственном университете Кампинаса (1980), степень магистра сельскохозяйственных наук в Федеральном университете Баии (2000) и степень доктора сельскохозяйственной инженерии в Государственном университете Кампинаса (2009). В настоящее время он является профессором Государственного университета Баии. Имеет опыт работы в области науки и технологии пищевых продуктов с акцентом на технологию продуктов растительного происхождения, работая в основном над следующими темами: сенсорный анализ продуктов питания, обработка и стабильность продуктов питания, физическая, химическая и химическая оценка продуктов питания, сбор урожая овощей.